身边的科学 真好玩

跳舞的小火苗

You Wouldn't Want to Live Without Fire!

[英]亚历克斯·伍尔夫　文

[英]马克·柏金　图

高 伟　李芝颖　译

时代出版传媒股份有限公司

安徽科学技术出版社

[皖]版贸登记号:121414021

图书在版编目(CIP)数据

跳舞的小火苗/(英)伍尔夫文;(英)柏金图;高伟,李芝颖译.—合肥:安徽科学技术出版社,2015.9(2018.5重印)
(身边的科学真好玩)
ISBN 978-7-5337-6791-4

Ⅰ.①跳… Ⅱ.①伍…②柏…③高…④李…
Ⅲ.①火-儿童读物 Ⅳ.①TQ038.1-49

中国版本图书馆CIP数据核字(2015)第213802号

跳舞的小火苗 [英]亚历克斯·伍尔夫 文 [英]马克·柏金 图 高伟 李芝颖 译

出 版 人:丁凌云 选题策划:张 雯 责任编辑:徐 晴
责任校对:王爱菊 责任印制:梁东兵 封面设计:武 迪
出版发行:时代出版传媒股份有限公司 http://www.press-mart.com
安徽科学技术出版社 http://www.ahstp.net
(合肥市政务文化新区翡翠路1118号出版传媒广场,邮编:230071)
电话:(0551)63533330
印 制:北京博海升彩色印刷有限公司 电话:(010)60594506
(如发现印装质量问题,影响阅读,请与印刷厂商联系调换)

开本:787×1092 1/16 印张:2.5 字数:40千
版次:2018年5月第6次印刷

ISBN 978-7-5337-6791-4 定价:15.00元

火大事年表

100万年前

在南非“奇迹洞”（Wonderwerk Cave）的发现显示，人类可能在100万年前就能控制火了。

70万年前

发明了灯，当时的灯是在中空的自然物体中填入燃料并点火制成的。

公元前7500年

人们已经能够熔化铜（通过加热从矿石中提取），并加以冶炼（加热使之更容易用于各个方面）。

24万—22.5万年前

在欧洲西班牙的波罗莫洞中发现了世界上最早的灶台。

4万—2万年前

人类已经开始使用土灶和窑炉，并烧制陶土罐了。

公元前80多年

古罗马政治家和商人马库斯·李锡尼建立了世界上第一支消防队。

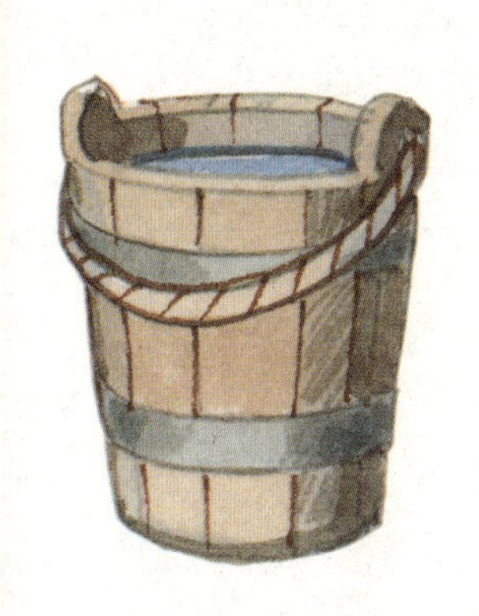

1728年

首批铸铁炉诞生。

1926年

罗伯特·戈达德成功发射了第一枚液态燃料火箭。

公元前9世纪

亚述人最早用火来做武器，他们向敌人射出冒着火焰的箭和罐子。

1712年

托马斯·纽科门发明了实用的大气式蒸汽机。

1886年

卡尔·奔驰成为申请用内燃机驱动小汽车专利第一人。

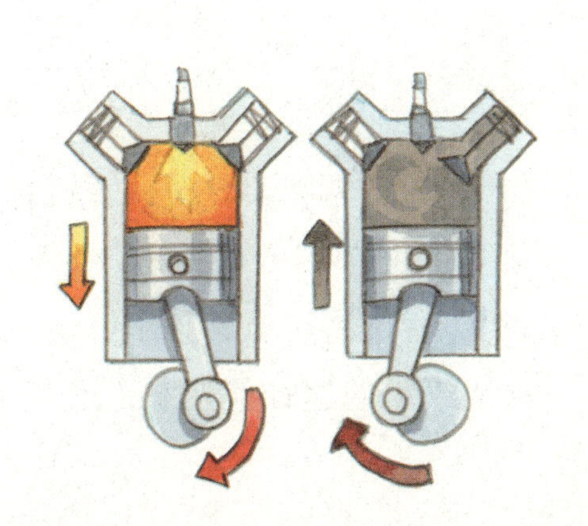

火焰三角

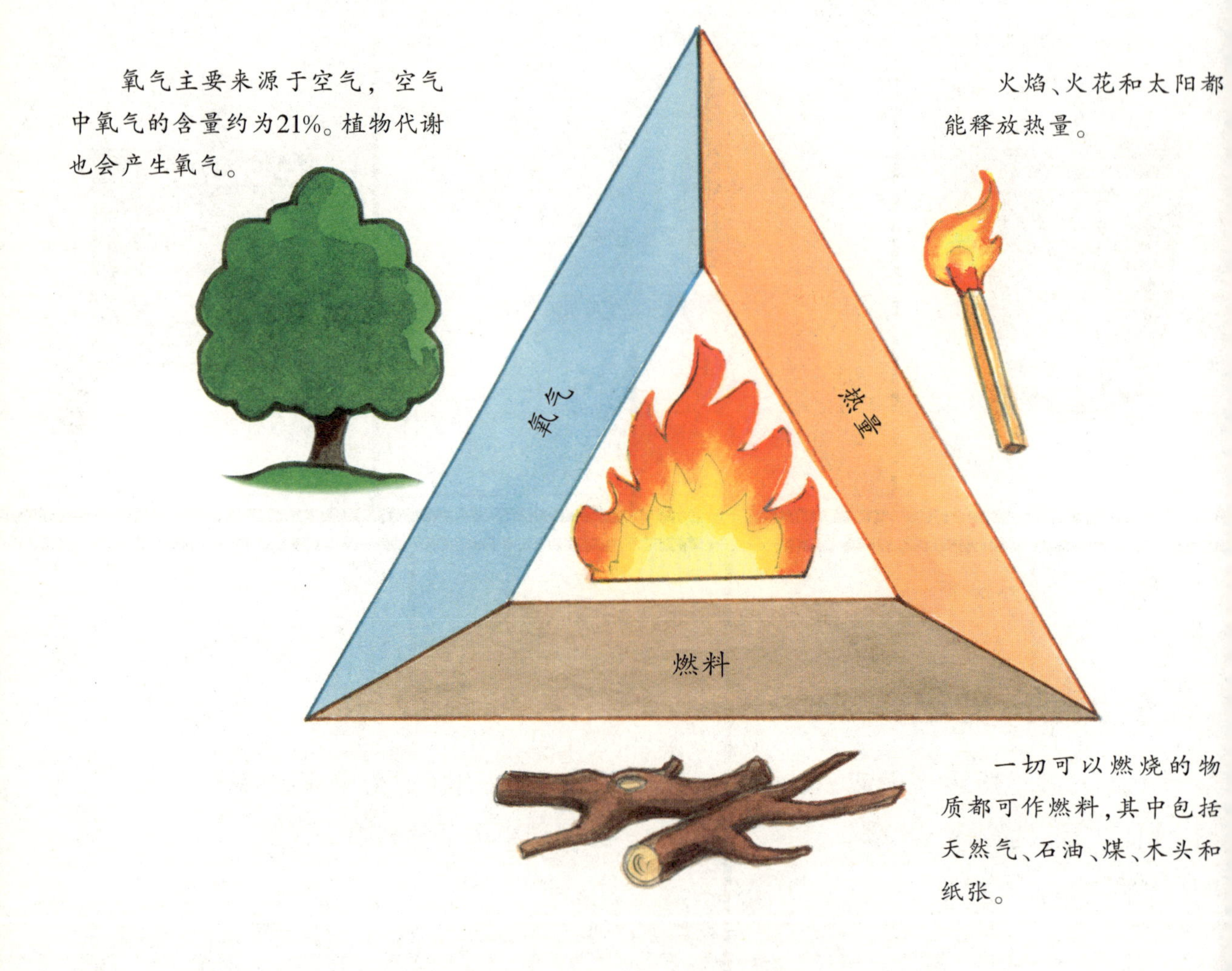

氧气主要来源于空气，空气中氧气的含量约为21%。植物代谢也会产生氧气。
火焰、火花和太阳都能释放热量。
氧气
热量
燃料
一切可以燃烧的物质都可作燃料，其中包括天然气、石油、煤、木头和纸张。

氧气、热量和燃料通常被称作“火焰三角”。这三个因素是火焰产生和维持燃烧的必要条件，消防员必须了解这一点，因为防火或灭火的途径就是拿走这三个因素中的任意一个。比方说，在火焰上盖一层消防毯能隔绝氧气，从而达到灭火的目的。为了防火，像纸张、木头和石油这样的可燃物必须远离火柴之类的热源。

作者简介

文字作者：
亚历克斯·伍尔夫，曾在英国埃塞克斯大学攻读历史。迄今为止，他创作了80多部儿童读物。另外，他还创作儿童小说和青少年小说。

插图画家：
马克·柏金，1961年出生于英国的黑斯廷斯市，曾在伊斯特本艺术学院读书。柏金自1983年后便开始专门从事历史重构以及航空航海方面的研究。柏金与妻子和三个孩子现在住在英国的贝克斯希尔。

目 录

导 读

当我们点燃火柴或打开燃气灶时，就能直接看到火。不过，在一些情况下我们没法直接看到火，但火却起着极为重要的作用。例如，火可以发电，能让汽车跑起来，让飞机飞上蓝天等。另外，制造陶器、塑料、金属和玻璃时，也少不了火。我们的世界离不开火，只是我们没有意识到这一点而已。

在人类发现火以前，火早已在自然界中存在了。太阳本身就是一个大火球。不仅如此，地球自身也能孕育火，比如火山爆发产生的熔岩会点燃植被，造成森林大火。

对于早期的人类来说，火是一种既可怕又极具破坏性且很危险的东西，因此人们总是远离它。不过最终人类还是成功驾驭了火，让它为人类服务。这是人类发展史上的一个重要转折点。在这本书里，你将会看到火在哪些方面改变了人类社会。

安全警告

别玩火！火看上去很神奇，所以你可能会情不自禁地想触摸蜡烛头上的火焰，或者想把某样东西点燃。**千万别这样做！**小孩玩火很可能会危害自己和他人的生命财产安全。

没有火怎么活？

你能想象人类成功驾驭火以前是怎样生活的吗？没有火，在寒冷的冬天里只能受冻；人们吃的食物是生的，难以消化；太阳落山就标志着一天结束了；而在那漫长的黑夜里，你和周围的人能不能活到明天还得看周围野兽的心情。

突然，在一个电闪雷鸣的晚上，你看到一束闪电击中一棵大树，整棵树随即熊熊燃烧起来。这真是可怕而惊人的一幕，好像太阳的一部分从天上掉落到地上来了。但这又是多么神奇啊！如果我们能借这神秘、炙热而且明亮的东西一用，是否就能因此改变自己的生活呢？

真是可怕的东西，但看上去好像很有用……

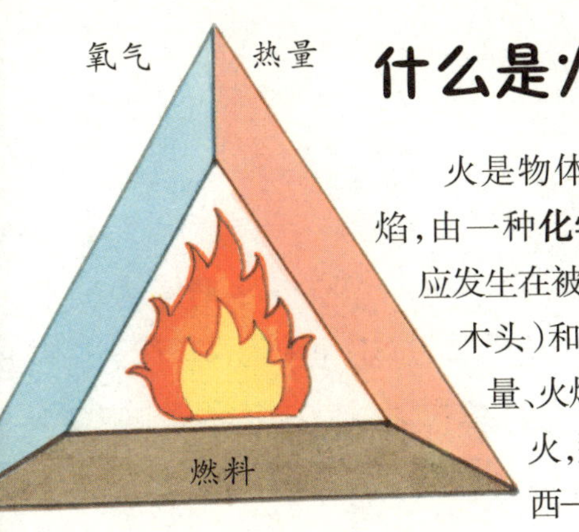

什么是火？

火是物体燃烧时所发的光和焰，由一种**化学反应**引起，这种反应发生在被加热的物体、燃料（如木头）和氧气之间，会产生热量、火焰和烟雾。如果你要生火，那么你需要这三种东西——燃料、热量和氧气。

原来如此！

为了使木条转得更快，我们需要在木条上绕几圈绳子，把绳子系在一根弯曲的木棒两端。现在，你就拥有了一个弓式木钻。来回移动弓身使木条快速旋转。

谁是第一个成功驾驭火的人？对此我们不得而知。但在南非发现的一个有100万年历史的洞穴里，我们找到了一些线索，洞里有燃烧过的灰烬和一些烧焦了的骨头。

生火。早期的人类依靠闪电生火。之后，他们学会了摩擦生火——把一根木条插进一块木板的小孔中来回搓动（如左下图）。

普罗米修斯。火是如此重要，神话传说里当然也少不了它。古希腊人相信，普罗米修斯从诸神那里偷来火种，并传播到了人间。

想更亮一点吗？

假设你们是生活在100万年前非洲大陆上的土著人。那时，你们已经学会了如何生火，因此不必在太阳下山时就上床睡觉。每天晚上，你们从森林里收集木头，然后在自己的洞穴门口生起一大堆火，大家围着火堆坐下，讲述有趣的故事。

夜晚变得更为安全和明亮了。从前威胁生命的野兽现在都因惧怕火而躲得远远的。你狩猎时，还可以带上余火未尽的灼热木块，这可以帮助你在黑夜里找到回家的路。

第一盏灯大约出现在7万年前。当时的人们在一个中空的贝壳或石块内塞入涂有动物脂肪的青苔,并把它点燃。

灯还没做好吗?

还没呢,太黑了,我看不清楚。

原来如此!

阿尔干灯发明于1780年,它是煤油灯史上的一次重大进步。这种灯发出的火焰更加明亮也更为稳定。灯芯周围圆柱形的金属管能使空气进入燃炉的中央,玻璃灯罩能改善空气流通,因此,煤油得以更充分有效地燃烧。

灯罩

古希腊人把他们制作的黏土灯放在陶土盘上(如上图),之后又发明了模具,从而实现了批量生产。

祝我生日快乐!

大约在公元前200年,中国人发明了**蜡烛**。他们用鲸鱼的脂肪和灯芯草来制作蜡烛,有时也用动物脂肪和蜂蜡。

煤气灯

点灯人

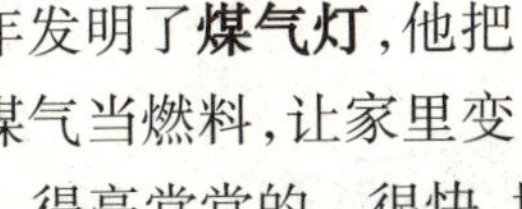

威廉·梅铎于1792年发明了**煤气灯**,他把煤气当燃料,让家里变得亮堂堂的。很快,城市街道都安装上了煤气灯。

托马斯·爱迪生和**约瑟夫·斯旺**在19世纪70年代时几乎同时有了制造电灯泡的设想。电流流经灯泡内的灯丝(一根很细的金属丝),把它加热到很高的温度,使它发光。

食物不经烹制就能吃吗？

现在，假设你生活在距今50万年前的中国。你冒险进入了一片焦土，那里原有的森林刚被大火吞没。在灰烬中，你发现了一具鹿的尸体，鹿肉已被大火烤得软软的，易于咀嚼，且更为可口。这给了你灵感。几天之后，你带了几条鱼回家，生了一堆火，把鱼穿起来，然后拿到火上烤。烤鱼的香味十分诱人，鱼皮虽被烤得有点焦煳，但里面的肉却十分柔软，入口即化。真好吃！享受过美味的你和家人那晚上睡得很香！

烧烤是发明最早的食物加工方法。或许是因为曾有人把食物掉进了火堆里,这种烹饪方法就在不经意间被发明了。大约在50万年前,人类学会了用火烹制食物。

原来如此!

烹饪会让食物发生化学反应。肉和蛋内含有的蛋白质分子的形状会发生改变,因而食物整体的外形和质地也都会发生改变。土豆被加热之后,细胞壁会破裂,土豆会变得很软。

烘烤和水煮的方法也很快流传开来(如左图)。人们把食物放入地上的凹洞或者加满水的岩孔里,利用滚烫的石头加热。

动物的胃是最早的烹饪容器之一,它们耐热又不透水,能经得起水煮和火烤(如右图)。后来,动物的皮、陶土和青铜器皿逐渐替代了它们。

炊具发展史

中世纪:燃木火炉　1728年:铸铁炉　1826年:燃气炉　1882年:电烤炉

现如今:微波炉(发明于1946年)和冷冻快餐(发明于1953年)

你渴望温暖吗？

假如你身处距今4万年前的世界，你所属的族群被另一个更凶猛的族群赶出了非洲故土。你们一路向北迁徙，来到了一个奇妙的新世界，那就是后来被人们称为“欧洲”的地方。这里和你童年生活的地方大不相同，在这里，你必须学会如何狩猎新的动物，比如凶猛的猛犸象等。此外，你还得适应这里比非洲寒冷的气候和持续时间很长的寒冬。如果没有火，人不可能在这样的环境下生存。多亏了火，你们才能来到远离故土的新世界，远离那些威胁你和你所属族群的危险。每天晚上，你们都围在火堆旁，感到非常温暖，并感谢有火陪伴你们。

数千年来，人们在家通常依赖屋子中央燃烧的火堆来取暖，屋顶通常会有一个开口，好让烟雾飘散出去。

重要提示！

火能加热水，用热水洗澡更容易清洁皮肤，不过泡热水澡会消耗大量的能量和水。那么，为什么不用淋浴代替呢？

古罗马的火坑供暖系统。古罗马时期，人们发明了一种早期的集中供暖系统（如上图），被火炉加热的空气在地板下面的空间里流动，然后从墙上的管道中排出。

烟囱从12世纪开始出现在人们的视线里。炉火从屋子中间移到了靠墙的位置。这样一来，房间里就不会再像原来那样乌烟瘴气了。

现在很先进了嘛！

集中供暖在19世纪时重出江湖。由锅炉加热的水，通过管道和散热器流经整栋建筑物。

你会用黏土做新鲜玩意吗？

假如你生活在距今2.7万年前的东欧。每天你都要从河里提水，你会在篮子里涂上一层黏土以防篮子漏水。在你将水倒出来后，篮子里的黏土层就开始变干、缩小，并渐渐脱落。突然有一天，你发现干燥的黏土在太阳的照射下会变硬，看上去可以当容器用，不过你一伸手去捡，它就碎掉了。将它放在火堆的灰烬中烘烤，它会变得结实些，这样你就可以用它存储和运输一些东西了。瞧，你又发现了火的另一种用途！

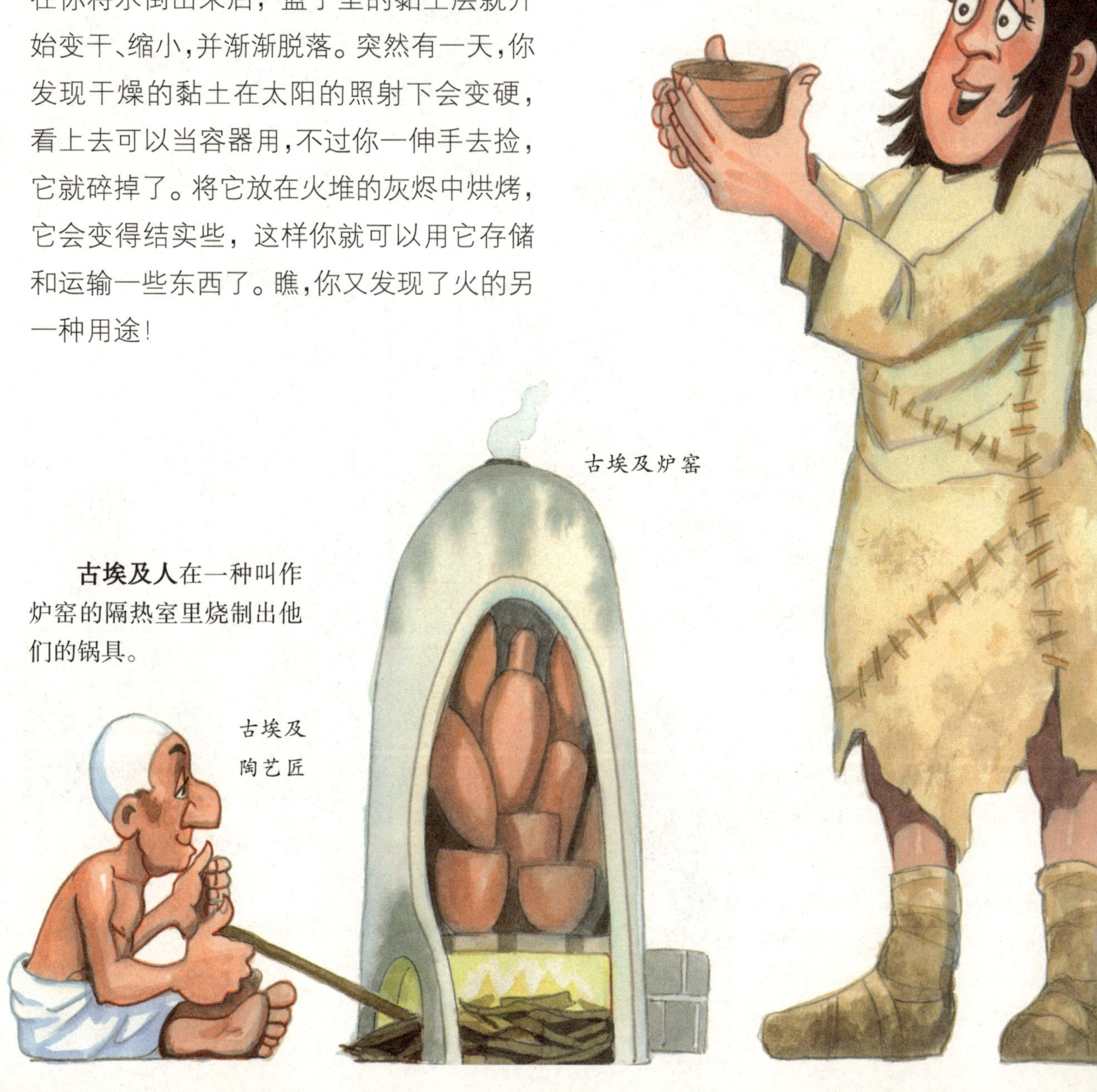

古埃及人在一种叫作炉窑的隔热室里烧制出他们的锅具。

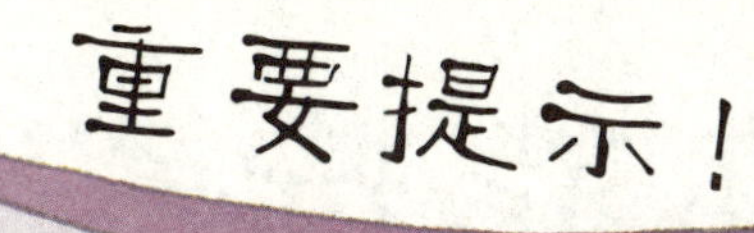

要想自己动手做一个罐子，你首先需要找一团没有烘烤过的黏土块，然后将它揉成香肠般的细长形状，再拿一个空的塑料食物容器作为模板，将揉好的细长黏土从容器底部开始盘绕，一直盘绕到容器顶端。

土砖

草泥

层积木和灰泥

泥笆墙

砖块和灰浆

烤制的陶瓦片

摆脱天气的影响！ 几千年来，建筑师不断将黏土与其他材料混合，然后用火烘烤或者放在太阳底下晒干。

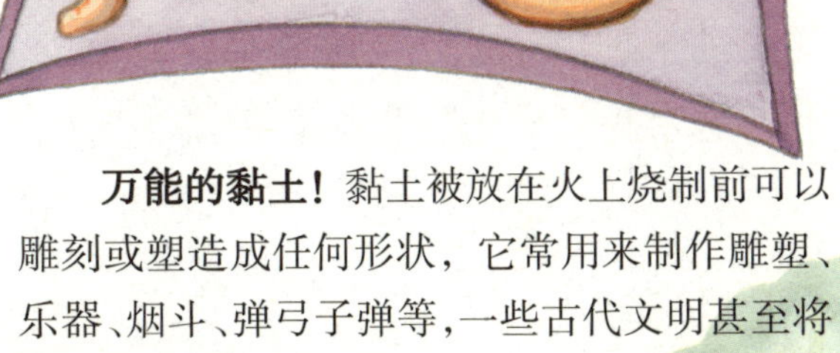

万能的黏土！ 黏土被放在火上烧制前可以雕刻或塑造成任何形状，它常用来制作雕塑、乐器、烟斗、弹弓子弹等，一些古代文明甚至将文字留在了黏土板上。

古希腊
雕刻匠

古希腊
陶艺匠

你能将森林变成农场吗？

让我们回到8000年前的美索不达米亚。当时，你所属的族群已经懂得种植庄稼以获得食物，养殖羊群以获得奶和肉。于是，你们不再需要为了打猎或寻找野生植物而不停地迁徙，可以在一个地方定居下来并种植庄稼。不过，随着人口数量激增，你们需要更多的土地来种植庄稼和养殖动物。肥沃的河谷地带是理想的居住地，但那里被大片的森林覆盖。于是，你们决定砍掉一片森林，将砍下来的树木用火烧掉，从而清理出一片农场地。

砍烧森林！为了农业生产，迁徙的人群会砍掉并烧毁一片森林。当土壤不再肥沃时，他们又会迁徙到其他地方。几十年后，当原来的栖息地再一次被森林覆盖时，新的居民又会涌来，重复砍烧森林的行动。这种不断迁徙的农业耕种方式就这样持续了数千年。

这比捕猎猛兽轻松多了。
重要提示！
记得要在旱季到来的前几个月砍掉部分森林。这样，砍下来的树木会慢慢变干，等旱季到来时，它们就可以用来烧火了。

改良土壤。燃烧森林产生的灰烬可使土壤变得肥沃。这样一来，当下一个雨季来临时，土壤就可以直接用于耕种了。

火棒耕种。澳大利亚的土著会在森林里点火以驱赶隐藏的猎物，比如袋鼠。此外，点火还可以促进可食植物的生长。

火松树是一种依靠火进行繁殖的树。它的果实被黏黏的树脂包裹着，但火能熔化这层树脂，从而让里面的种子得见天日。

锻造炉需要火吗？

假如你是一名金属工匠，生活在公元前2000年的波斯。你从地下挖出绿色晶体孔雀石，将它碾成粉末，然后从中提取金属铜。你生起一堆火，将粉末撒向燃烧的煤，然后用风箱来鼓风，使火烧得更旺、温度更高。大约两小时后，火焰颜色发生变化，这说明铜已经被熔炼出来了。你将这些铜片放在坩埚中熔化，再往里面加一点金属锡，从而制作出了青铜。通过对青铜进行加工，你还可以制作出工具、珠宝和武器。

继续烧，否则你就等着被炒鱿鱼吧！
加工中的青铜
我认为这块孔雀石已经烧得够久了。
古代风箱

铜、锡和铅是最早被用火进行熔炼和加工的金属。铜太软，因此不便加工成带利刃的工具，但铜与锡混合后却可以变成硬度更大的合金——青铜。

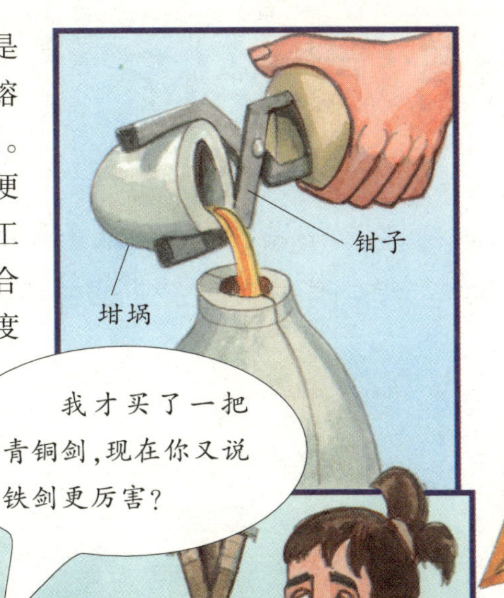

原来如此!

锻造炉的温度不能太高也不能太低，铁匠使用风箱来调节进风量，从而达到控制温度的目的。

三个时代。金属的发现对于文明的发展极为重要。因此,我们将人类的史前时期分为三个阶段，即石器时代、青铜器时代和铁器时代。

玻璃是人们用火加工出来的另一种物质，它是砂石和其他矿物在极高的温度下熔合而成的。

锻造炉是加热金属的熔炉，金属要加热后才能加工。铁匠用钳子牢牢夹住加热过的金属，并用锤子和铁砧来改变和塑造其形状。

你想成为消防员吗？

这是公元前80年时的罗马。富商马库斯·李锡尼·克拉苏组建了世界上第一支消防队。假如你就是其中一员，你老板的灭火行动其实不是出于善心，而是为了赚钱——当你到达火灾发生地时，不能立刻灭火，要等到房子的主人同意支付克拉苏开出的灭火费用后才能开始灭火——如果房主不同意支付那笔费用，那你就站在那里，什么也不做，看着房子燃烧。有时候，绝望的房主最终还是会同意支付条件，不过到了那个时候，价格往往会比最初的还要高。

如果房子烧毁了，狡猾的克拉苏就会以远低于房子原有价值的价格将房子买下来。

克拉苏就是用这种方式在罗马占有了大片土地。
我没那么多钱！
很抱歉，那是我的最终报价。

你也能行！
1. 请确保家里安装了烟雾报警器，并经常检查它是否能正常工作。
2. 提前制订火灾逃生计划，确保人人都知道最快的逃生方式。
3. 做饭时千万不要长时间离开。
4. 不要超负荷使用电源插座，同时要小心别搭接错电线，避免线路故障。

17世纪以前，救火通常是自发的群众活动，人们会用桶和手泵取水救火。

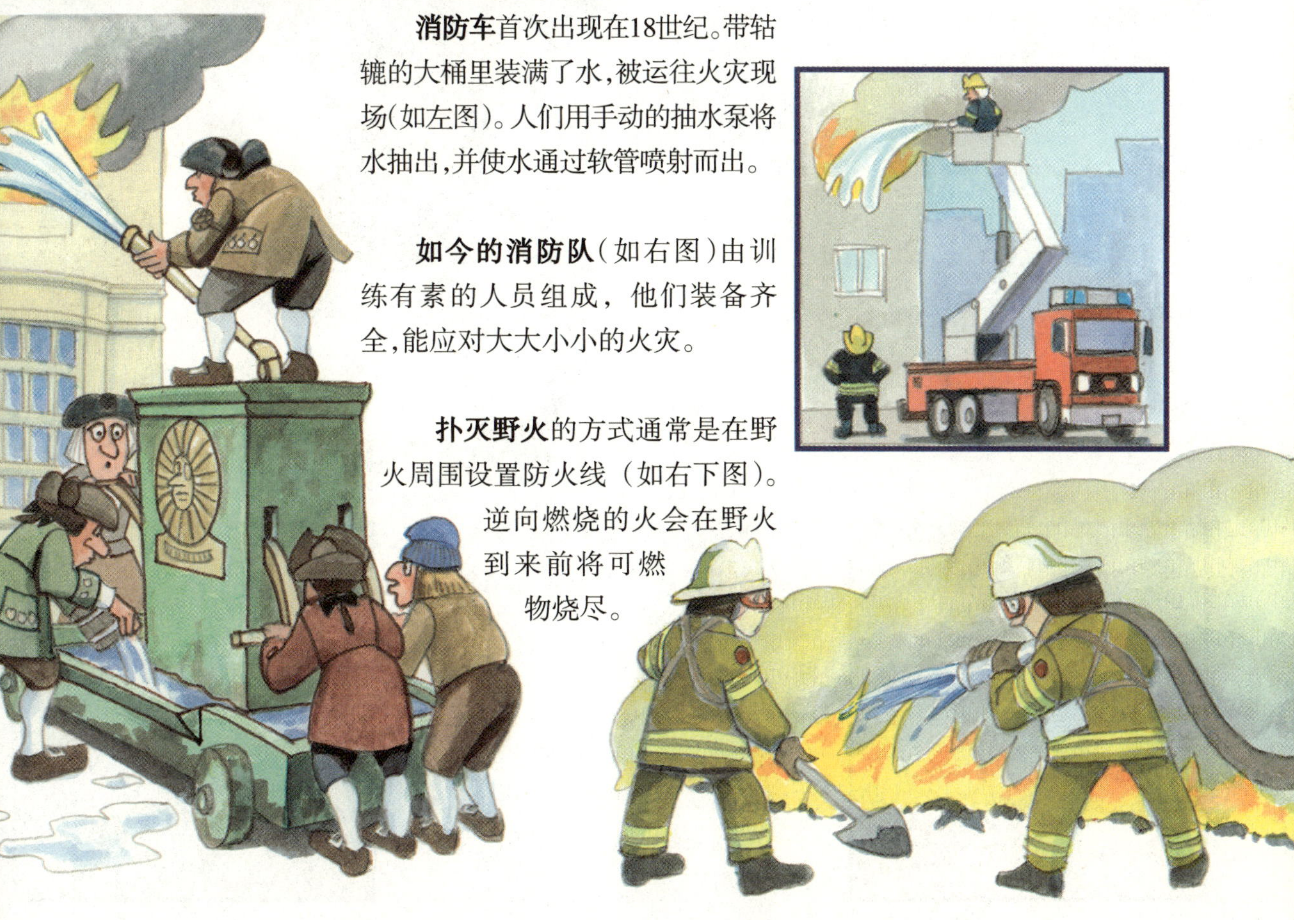

消防车首次出现在18世纪。带轱辘的大桶里装满了水，被运往火灾现场(如左图)。人们用手动的抽水泵将水抽出，并使水通过软管喷射而出。

如今的消防队（如右图）由训练有素的人员组成，他们装备齐全，能应对大大小小的火灾。

扑灭野火的方式通常是在野火周围设置防火线（如右下图）。逆向燃烧的火会在野火到来前将可燃物烧尽。

你能用火作战吗？

假如你是一名海军上校，生活在公元678年的拜占庭帝国，你正在抗击那些围困你家乡君士坦丁堡的阿拉伯人。一艘敌船渐渐逼近，船上的士兵正谋划登陆你所在的船。所以，是时候使用一种全新的武器了。遵照你的命令，一名水手扑压在一排风箱上，用力朝船头的火炉里鼓风，火炉上面是一尊黄铜狮子，随着水手不停地挤压风箱，一束黄色的火焰从黄铜狮子的嘴里喷射出来。这吓坏了阿拉伯士兵，也引燃了他们的船只。这是希腊火取得的第一次胜利！

这不公平！
这就是希腊火！

那里面是什么？
这可不能说。

神秘武器。没有人知道拜占庭的火焰喷射器使用了什么燃料，那配方一直是严格保密的，不过有传闻说配方是原油和树脂。

战争中的火。自古以来，火就被用作武器。熊熊燃烧的火球被抛过周围的城墙，纵火船被用于摧毁敌人的海军。

重要提示！

如果不想被他人误会你使用了巫术，把你绑在树桩上烧死，那就不要和邻居吵架，同时要注意遮掩皮肤上的伤疤，因为它们可能会被误认为是“魔鬼的记号”。

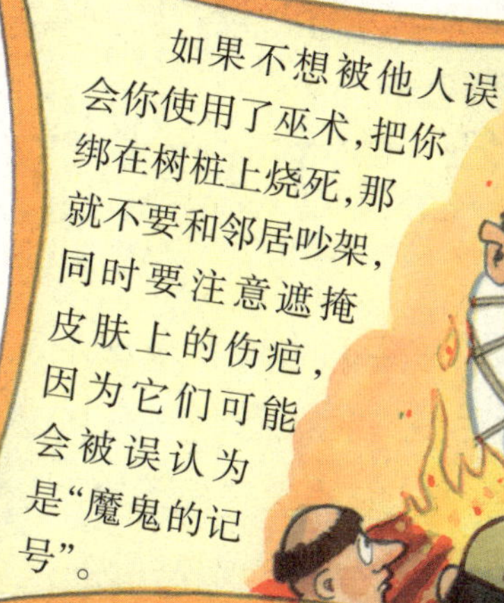

名为**虹吸管**的管子用于向敌船喷射希腊火。它们通常被制作成动物头的形状。此外，人们还使用弹弓投掷希腊火，或者使用绕支点旋转的吊车朝敌船的甲板倾泻大火。

火药。然而，火在战争中的主要作用还是引燃爆炸物，比如火药（火药由中国人发明）。

火刑和烙印。火还被用于惩罚和处决罪犯。罪犯有时会被烧红的铁块在身上打下烙印，如字母V表示流氓、字母F表示打架的人、字母S表示逃走的奴隶，等等。

我只是一个理发师！
是啊。但你对我头发的所作所为已构成犯罪！

你准备好迎接蒸汽时代了吗？

在1712年的英格兰康沃尔郡，假设你正在协助设计师托马斯·纽克曼先生设计新一代的蒸汽机，你的工作是维持锅炉中火的燃烧。火会将气缸中的水变成水蒸气，然后，冷水被注入气缸，水蒸气又冷凝成水，这个过程产生的真空会推动活塞向下。当火再次将水变为水蒸气时，活塞又被推动着向上。活塞的上下运动推动水泵抽出煤层或锡层矿井里的水，新一代蒸汽机产生了。一想到火和蒸汽能产生人类可以利用的动力，你瞬间激动不已。

詹姆斯·瓦特（如左图）改进了纽克曼设计的蒸汽机，他添加了一个用于冷却蒸汽的独立仓室。瓦特设计的蒸汽机同样利用活塞的上下运动，带动轮子作圆周转动。

重要提示！

焦炭是高炉冶炼钢铁最好的燃料。煤炭虽然价格低廉，但其中含有的硫黄会使铁变脆。

工厂。19世纪初，蒸汽开始被用来驱动大型工厂里的机器设备，这标志着工业革命的开始。那时候的工人不得不在恶劣的工作环境下长时间工作，却只能拿到微薄的工资。

我一周要工作整整68小时。
人在上面会不会着火呀？
它怎么走得这么快！

1779年，位于英格兰什罗浦郡的英国大铁桥，由铸铁制造而成

运输业。19世纪20年代，人们使用蒸汽机车在陆地上运输货物和装载人群。汽轮也开始替代帆船。

发电。如今，许多发电站仍然通过烧煤的方式来制造蒸汽，然后蒸汽会带动涡轮机运动从而发电。

煤和铁。工业革命时期，人们主要是烧煤。焦炭是煤的一种产物，主要用作高炉的燃料。高炉冶炼出的铁能用于建造房屋、制造机器、架设桥梁等。

你能想象轿车的存在吗?

假设现在是1863年,你是发明家艾蒂安·勒努瓦,在法国巴黎,你正在开启世界上首次机动车公路之行。你的车一路砰砰作响,吸引了众多路人惊愕的目光。它仅仅比走路快一点,而且你还要不时地停下来做一些小修理。但尽管如此,你仍然在3小时内完成了22千米的行程。你向世界证明了,除了马车和蒸汽外,人们还可以有其他的出行方式。

勒努瓦"轿车"的动力由内燃机提供。内燃机燃烧煤气,而煤气由被勒努瓦称为"跳跃火花"的东西点燃。

你吓坏了我的马!
先生,马很快就会被这个世界淘汰了!

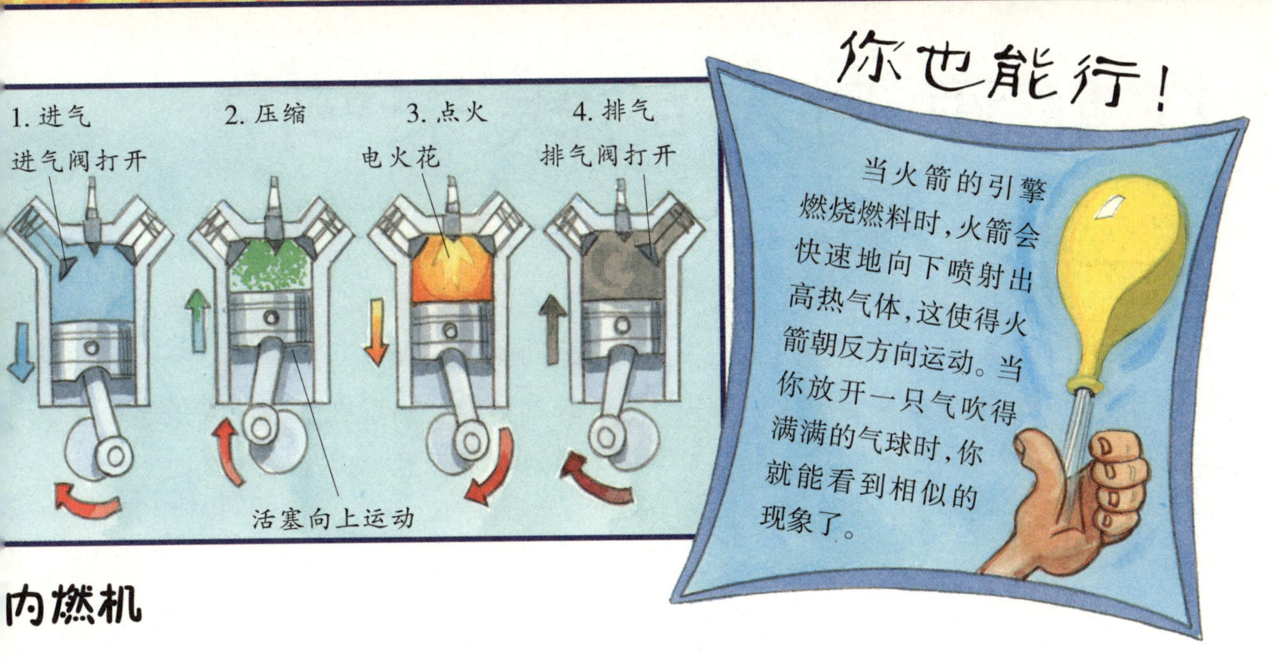
1. 进气
2. 压缩
3. 点火
4. 排气
进气阀打开
电火花
排气阀打开
活塞向上运动
你也能行！
当火箭的引擎燃烧燃料时，火箭会快速地向下喷射出高热气体，这使得火箭朝反方向运动。当你放开一只气吹得满满的气球时，你就能看到相似的现象了。

内燃机

引擎的**核心部件**是带活塞的气缸。

第一步：**进气**。活塞从气缸的底部开始运动。这时进气阀门打开，燃料（通常是汽油）和空气的混合物就会进入气缸。

第二步：**压缩**。活塞向上运动，压缩油气混合物。

第三步：**点火**。火花塞点火，点燃燃料。爆炸推动活塞向下运动。

第四步：**排气**。当活塞运动至气缸底部时，另一侧的阀门打开，将废气排出气缸。

这四个过程被称为引擎工作的四个行程。

汽车是怎么动起来的？一根连杆连接活塞和曲轴，曲轴能将活塞的上下运动转化成旋转运动，从而给汽车的车轮带去向前转动的力量。

火在天上的运用。由于内燃机的发明，街上的轿车、货车、摩托车和其他一些车辆很快就多了起来。1903年，内燃机首次被运用在了飞机上。

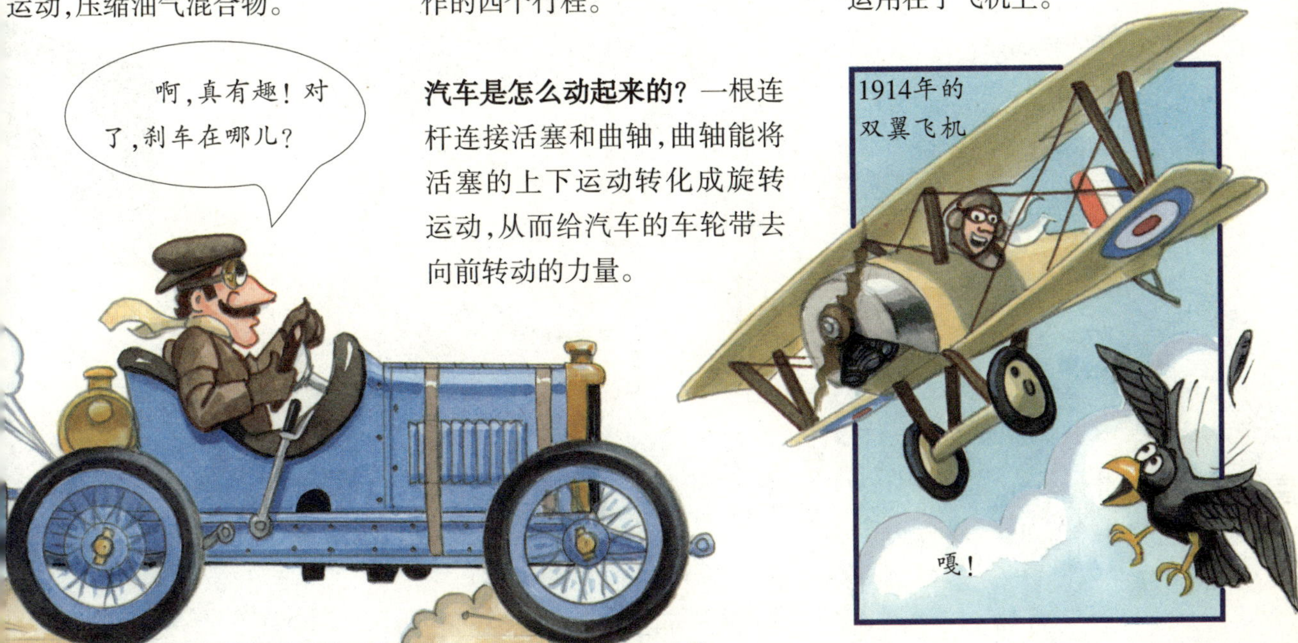
啊，真有趣！对了，刹车在哪儿？
1914年的双翼飞机
嘎！

你能预测火的未来吗？

一百年以后，你踩着悬浮滑板车回家。在扫描器确认了你的身份后，门就会自动滑开。你说“开灯”，玄关的灯就开了，而灯的能量来源于太空中的太阳能电池板。房间里十分阴冷，所以你说“加热”，房间一下子就被藏于地下的地热能烘得暖暖的。接着，你又想起了什么事，于是你戴上一副眼镜，这副眼镜由身体的运动供能。“妈妈！”你喊道，不一会儿，你妈妈的影像就出现在眼睛前面的屏幕上。你朝她微微一笑……

“火”也在我们体内。阳光帮助植物成长，而我们以植物为食（我们也吃那些以植物为食的动物）。所以，我们的身体以一种间接的方式，把来自太阳的“火”转化为能量。在未来，我们也许能利用身体运动为身上的小物件充电，比如，智能眼镜等。

你也能行！

节约用电新方法——利用身体自身的能量。我们可以通过骑自行车的方法来为电视机供电。当你遇到了喜欢的电视节目，你可要用力发电哟！

宇宙之火。我们能用飘浮在太空中的太阳能电池板收集太阳能，将其转化为电能并传回地球。这些电池板可以永不停息地工作，因为那里没有黑夜，也没有云层遮挡阳光。

氢（如右图）在未来或许能成为一种燃料。燃烧氢的引擎几乎不会产生任何污染。但要从诸如天然气这样的物质中获得氢燃料，则须加热才行。因此，即使我们将来开的是悬浮车，火对于我们来说仍然十分重要。

热泵（如左图）使用的也是太阳能。地表下数米深的土地会被太阳烤热。在冬天，地面温度比空气温度高，所以从地下抽上来的水可以用于制热（产生热量）；而在夏天，空气温度比地面温度高，所以埋藏在地下的水能用于制冷（冷却降温）。

地球内部的温度很高。在世界上的某些地方，我们能获得并利用来自地球内部的热能，这就是我们所说的地热能。

术语表

Adobe **土砖** 通常由黏土(有时也混合了其他材料),经太阳晒干后制成。

Alloy **合金** 两种或者多种金属的混合物。其特点是强度更大、更耐腐蚀。

Anvil **铁砧** 铁或钢制成的厚重的砧板,是锻锤金属用的垫座。

Backfire **逆火** 为了阻止火灾蔓延而燃放的火,它的作用是在火灾蔓延到某处前将该处的可燃物燃完。

Bellows **风箱** 用来鼓风,使炉火燃烧得更旺的装置。

Blast furnace **高炉** 用于冶炼金属的高温熔炉。

Boiler **锅炉** 燃烧燃料的容器,主要用于产生热水。

Byzantine **拜占庭帝国的** 与拜占庭帝国有关的。拜占庭帝国是亚洲地区以希腊语为母语的帝国,兴于公元4世纪,灭亡于公元1453年。

Cast iron **铸铁** 含有铁元素和碳元素的合金,可以通过浇铸模具制得,虽硬却易碎。

Cob **草泥** 压实的黏土和稻草的混合物,可用于修建房屋。

Coke **焦炭** 无氧环境中通过加热煤制得的燃料。

Condense **冷凝** 使气体变为液体的反应。

Cordwood **层积木** 锯成统一长度的木材,常与砖石或土坯交错放置以修建围墙。

Crankshaft **曲轴** 内燃机中间的轴,通过活塞的带动而转动。

Crucible **坩埚** 陶瓷或金属容器,用于熔化金属。

Exhaust **废气** 引擎工作过程中排放的无用气体。

Firebreak **防火线** 通过隔离可燃物的方式阻止野火蔓延的一块空地。

ireship **纵火船** 载有可燃物和爆炸物，用于引燃敌船的船。

orge **锻造炉** 用于熔化或锻造金属的熔炉或炉床。

eothermal energy **地热能** 来自地球内部的热能。

Hearth **炉床** 可以用来加热取暖的壁炉或烹制食物的灶台。

Heat pump **热泵** 一种将热量从一个地方转移到另一个地方的装置。

gnition **点火** 引着火。

ndustrial Revolution **工业革命** 18—19世纪的技术革命时期，蒸汽能也在该时期发展起来。

nternal combustion engine **内燃机** 使燃料(通常是汽油或柴油)直接在气缸内而不是在单独的锅炉里燃烧的热机。

Kiln **炉窑** 烧制陶器的熔炉或烤炉。

Mesopotamia **美索不达米亚** 古代中东地区的一部分区域,现在的伊拉克和邻国的一些地方都属于过去的美索不达米亚地区。

Persia **波斯** 伊朗的旧称。

Piston **活塞** 引擎的一部分,它在气缸内上下运动,将化学能转化为动能。

Rotary motion **旋转运动** 圆周运动,就像转动车轮的运动一样。

Smelting **熔炼** 从矿石中提取金属的过程,其中包括加热和熔化。

Turbine **涡轮机** 能够产生动力的机器，机器的螺旋桨会在高速流动的液体的带动下旋转。

Vacuum **真空** 空气被全部或部分抽离的空间或容器。

Valve **阀门** 控制液体进出管道或导管的通道装置。

Wattle and daub **抹灰篱笆墙** 一种建筑材料，由覆盖了泥土或黏土的棍棒或细枝编织混合而成。

Wildfire **野火** 大规模且具有破坏力的火灾,能快速吞没森林、林地或灌木丛。

史上最致命的火灾

1. 东京大火灾，日本，1923年9月1日

这场火灾紧随一场大地震发生。东京被这场大火洗劫，约有14.2万人丧生，大约57万幢房屋被毁。

2. 多纳·帕兹号撞击事件，菲律宾，1987年12月20日

多纳·帕兹号渡轮与维克托号油船相撞后，双双燃起大火，致使4000多人丧生。

3. 萨瑟克区大火，英国，伦敦，1212年7月12日

这场大火虽然没有1666年的伦敦大火出名，但却带来了更大的灾难。这场大火夺走了近3000人的生命，并毁坏了近1/3的城区。

4. 旧金山大地震、大火灾，1906年4月

这场大地震和紧随其后的大火灾导致约3000人丧生，破坏了500多个街区，致使近一半的居民无家可归。

5. 基督教堂火灾，智利，圣地亚哥，1863年12月8日

在某次教堂举行宗教仪式时，一盏油灯点燃了一幅画卷。由于教堂大门紧闭，信徒们都被困在了里面。大火致使约2500人丧生。

6. 哈里法克斯大爆炸，加拿大，新斯科舍省，1917年12月6日

在哈里法克斯港，伊莫号蒸汽货船与装载了3000吨炸药的勃朗峰号蒸汽货船碰撞并爆炸。这次爆炸将半个哈利法克斯城夷为平地，导致约2000人失去生命。

7.佩什蒂戈大火，威斯康星州，1871年10月8日

这场毁灭性的森林大火蔓延了6200平方千米。它摧毁了20亿棵树，使1200~2400人丧生。

火的标志

火在人类的文明发展史中做出了突出贡献，所以不难想象，火已经成为人类文化和宗教的一个重要标志。

火是古希腊哲学中的四种元素之一，其他三种元素分别是水、空气和大地。古希腊人认为，宇宙万物皆由这四种元素构成，他们相信火赋予了人类能量和激情。

古罗马人崇拜灶台和熔炉。维斯塔是罗马神话中的灶神，侍奉维斯塔的维斯塔贞女负责照看罗马庙宇里的圣火。伏尔甘是锻冶之神，他负责看管铁匠，并保护城市不受火灾的侵袭。古希腊和古罗马人都会在祭坛上杀死动物，然后用火点燃，将动物作为祭品献给诸神。

在印度教中，阿格尼是火神。在拜火教中，火是纯洁、正义和真理的象征。在圣经旧约中，火总是在关键的时刻出现，例如燃烧的树丛和火柱；在新约中，圣灵则以火舌的形式出现。

火至今仍是一种重要象征。在世界范围内，篝火常用于庆祝仪式，而蜡烛则用于宗教仪式。圣火是重要事件的象征，奥林匹克圣火是最有名的圣火之一。

你知道吗？

• 美国的开国元勋是一群消防员。1736年，在费城，本杰明·富兰克林首次发起了消防志愿服务活动。乔治·华盛顿、塞缪尔·亚当斯和托马斯·杰斐逊都当过志愿消防员。

• 每52年，当他们的日历轮回了一整圈，阿芝特克人会熄灭他们国家里的每一处火。新的火焰会在作为祭品的那个牺牲者敞开的胸膛上点燃。

• 松黑木吉丁虫运用红外线感知器官寻找森林火灾。这种虫会在死树上产卵，因为死树缺乏树液之类的保护机制，无法阻止幼虫挖洞。

• 火会把房间里的氧气吸净，被困在火场里的人大都是因窒息而死的。

• 蜡烛火焰的温度一般可达到1000℃。

• 已知的能支持火焰燃烧的星球仅有地球。

• 氧气的含量会影响火焰的颜色。氧气含量低时，火焰呈黄色；氧气含量高时，火焰呈蓝色。

• 干草堆、堆肥堆、旧报纸，甚至是开心果，都有自燃的可能性。

• 澳大利亚温根附近的地下煤层已经不间断地燃烧了近6000年。

致　谢

“身边的科学真好玩”系列丛书，在制作阶段幸得众多小朋友和家长的集思广益，获得了受广大读者欢迎的名字。在此，特别感谢田梓煜、李一沁、樊沛辰、王一童、陈伯睿、陈筱菲、张睿妍、张启轩、陶春晓、梁煜、刘香橙、范昱、张怡添、谢欣珊、王子腾、蒋子涵、李青蔚、曹鹤瑶、柴竹玥等小朋友。